AF590271

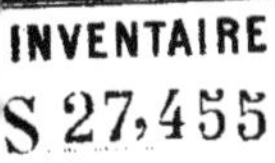

MÉMOIRE

PRÉSENTÉ

A L'INSTITUT IMPÉRIAL DE FRANCE

SUR

DIVERSES QUESTIONS DE GÉOLOGIE ET DE PHYSIQUE DU GLOBE

PAR

CASIMIR GARY

PARIS
WALDER, IMPRIMEUR, RUE BONAPARTE, 44

1859

A MESSIEURS LES MEMBRES

DE

L'INSTITUT IMPÉRIAL DE FRANCE

(**Académie des Sciences**).

18[illegible]

CRÉATION DE LA TERRE,

SA COMPOSITION,

MONTAGNES, FAILLES, FOSSILES, HOUILLE, DÉLUGE UNIVERSEL.

ÉLECTRICITÉ DE LA TERRE,

SON ÉLASTICITÉ,

VOLCANS, TREMBLEMENTS DE TERRE, OZONE, SOUFRE

EAUX THERMALES.

Qui vivit in æternum, creavit omnia simul.

(Celui qui vit de toute éternité, créa toutes choses simultanément.)

Cette opinion, admise par saint Augustin, appuyée sur le texte de l'Écriture sainte, paraît des plus rationnelles : le pouvoir créateur implique la toute-puissance; et ce n'est pas la durée, le temps en un mot, pendant lequel la création aurait été faite, qui ajouterait rien à sa perfection ainsi qu'à la puissance sans bornes de la divinité créatrice.

Le néant, l'infini, deux termes inaccessibles à notre faible intelligence, Dieu seul pouvait les expliquer en donnant spontanément la vie et le mouvement à toute la création.

L'état de nos connaissances nous permet seulement de porter sur la terre que nous habitons les investigations presque téméraires que d'autres ont tentées avant nous. Nous espérons cependant que nos appréciations seront peut-être mieux comprises, dégagées qu'elles sont de toute espèce de système et d'école.

CRÉATION DE LA TERRE.

Dieu créa le monde en six jours; il se reposa le septième, dit la Genèse. Sans être taxé d'hérésie, on peut admettre, avec saint Augustin, que l'histoire de la création, sur laquelle nous nous abstiendrons d'émettre une opinion personnelle, a été écrite, afin d'être plus accessible à l'intelligence humaine, et que Dieu, qui a pu créer le monde en six jours, pouvait également créer simultanément tout ce que renferme l'univers.

Le cercle dans lequel nous devons nous tenir, éloignant toute discussion des opinions émises par nos devanciers et surtout celles théologiques, pour lesquelles nous reconnaissons humblement notre incompétence absolue, nous nous bornerons à contempler l'ordre et l'harmonie qui nous frappent dans l'action de la Divinité, en faisant ressortir le peu de valeur d'hypothèses déraisonnables enseignées encore aujourd'hui, au grand détriment des intelligences dont elles faussent le jugement.

L'homme, les animaux, les poissons, les oiseaux, les insectes, les arbres, les plantes, les végétaux de toute sorte, ne pouvaient vivre que sur des débris.

La contexture de l'écorce terrestre devait donc offrir cette variété de roches, de terres, de sables distincts, mélangés ou séparés, que nous classons en terre propre à la végétation, argiles, glaises, schistes, calcaires, silex, granits, porphyres, grès, etc., etc., nécessaires pour fournir la nourriture végétale et animale. Elle devait encore présenter à l'homme des gisements métallifères sous diverses combinaisons; la houille, le sel, le soufre et tous les minéraux applicables aux arts, à l'industrie, à l'exploitation du sol, à la confection du logement et du vêtement de l'homme, comme à la somptuosité luxueuse du palais des rois.

De même que le cheval et le chameau ont été créés à l'usage de l'homme pour les longs voyages, les animaux, les poissons, les végétaux et les fruits pour la nourriture de l'homme et des animaux; de même aussi les calcaires, les minéraux, les métaux, ont été placés dans la terre à portée de l'espèce humaine, afin qu'elle les manipulât pour les faire servir à son industrie.

On dirait, en lisant les nombreux ouvrages de

géologie, que des écrivains éminents rougissent d'avouer une création divine : le nom du Créateur n'existe pas dans leurs ouvrages ; leur orgueil n'y a placé que le mot nature ; comme si ce qu'on appelle nature n'était un mot vide de sens quand on en sépare celui de Dieu.

Après bien des tâtonnements, on est parvenu, le croirait-on ? en plein XIXe siècle, à dépasser les simplicités des temps fabuleux.

Le résumé des sciences encyclopédiques de ces dernières années s'exprime au mot *terre* comme suit :

« Nous avons vu la masse fluide s'envelopper d'une croûte durcie, oxydée par le refroidissement. Après avoir soulevé tous les feuillets qui nous cachaient le sol primordial, nous reconnaissons une matière analogue à celles qui ont été fondues, puis refroidies ! »

Tels sont les arcanes sibyllins qu'on donne à digérer aux esprits avides de science.

Je préfère Ovide en ses Métamorphoses :

L'Italie autrefois fut jointe à la Sicile,
Avant que le trident de Neptune indigné
Eût brisé le terrain dans ses flots entraîné.

Ceci me paraît plus raisonnable et surtout

plus poétique « qu'*une croûte durcie* » oxydée par le refroidissement.

Une masse fluide refroidie produit, après son refroidissement, *une croûte durcie* opaque, dans laquelle tous les minéraux, les métaux, les terres, les roches, mélangés par la fusion, ne présentent plus qu'un immense chaos : un bloc de lave ou de fonte refroidie, impropre à la nourriture des végétaux, de l'homme, des animaux. C'est évidemment le désordre le plus complet que l'orgueil de l'homme en délire ait jamais rêvé.

Cependant cette théorie a cours : elle est enseignée, elle est imprimée, elle est signée par les hommes les plus éminents dans la science géologique.

« Nous avons vu la masse fluide s'envelopper d'une croûte durcie oxydée par le refroidissement. »

Il est évident qu'en adoptant de pareils principes, il a fallu se livrer à un immense travail pour mettre un peu d'ordre dans ce qu'on est convenu d'appeler la science géologique.

Courez d'occident en orient, du nord au midi, vous ne rencontrez sous vos pas que des débris. Nous appellerons débris les plus grandes assises de roches. Les granits de la mer Rouge, ceux de la Baltique, commencent leur gisement et l'achévent dans un espace relativement restreint. En comparaison de la masse du globe, ces roches, quelle que soit leur dimension, divisées par des fils, enterrées dans le sol ou couchées dessus, ne sont autres que des parcelles de sable plus ou moins volumineuses, en un mot un débris.

La classification des terrains adoptée pour l'unité du langage géologique renferme des erreurs graves, lorsqu'on assigne à ceux qui composent le globe des âges différents. On dirait, en lisant les nombreuses hypothèses géologiques, que la nature aveugle, inerte, a pu se compléter elle-même sans le secours de Dieu, à des époques plus ou moins éloignées les unes des autres.

Il n'en est rien : la matière n'est pas une puissance par elle-même, tout au plus peut-elle servir comme agent des desseins de Dieu, en se modifiant sous l'influence du temps et des corps dont elle est entourée. Y voir autre chose, c'est fermer les yeux à la vérité et se repaître l'esprit de notions dangereuses et inutiles.

Que la création ait eu lieu en six jours, ou même en moins de temps, ce que nous ne discuterons pas; Dieu a voulu que la terre possédât toutes ses perfections pour l'usage des êtres qui devaient l'habiter.

L'homme, l'animal, ont été créés adultes ;

l'arbre couvert de rameaux et de fruits; les montagnes, les plaines avec leurs végétaux et leurs rivières; la mer avec ses habitants.

Par conséquent, les roches, les terres, les argiles, les calcaires, les minéraux, les métaux qui forment les assises de la végétation; des plaines, des montagnes sous-marines et des continents étaient aux jours de la création ce que nous les voyons aujourd'hui; à part quelques légères mutations opérées, soit par le débordement du déluge universel, par les alluvions des fleuves dans les vallées ou par les relais des mers; soit par les perturbations volcaniques qui, en quelques rares localités, ont exhaussé ou déprimé le sol.

Il faudrait nier la puissance créatrice et l'ordre admirable que la terre présente, pour supposer que le temps seul, aidé de la nature, a fait de cette *croûte durcie* un sol habitable.

Laissons donc ces opinions fabuleuses qui veulent voir la terre jaillissant du soleil et mettant 53,000 ans à se refroidir. La terre a toujours eu et sans changement la chaleur qu'elle possède de nos jours; car, ainsi que nous l'expliquerons plus loin, cette chaleur provient de sa constitution physique, et elle est aussi nécessaire à l'existence de tout ce qu'elle fait vivre, que la composition savante de la contexture géologique de son écorce.

Les êtres qui habitent la terre ne sont pas un accident, comme sa composition géologique ne saurait être un fait du hasard, mais bien une admirable combinaison de Dieu pour l'alimentation des végétaux, de l'homme, des animaux, et pour les besoins de l'industrie humaine.

« Præparans montes in virtute suâ, accinctus potentiâ, » P. LXIV, a dit le Psalmiste dans une de ses illuminations divines.

MONTAGNES, FAILLES.

Depuis la création, les chaînes de montagnes sont restées ce qu'elles sont aujourd'hui : réservoirs naturels des fontaines, des sources, des rivières, des fleuves.

Si quelques éminences ont apparu depuis la création du monde, ces éminences ont un caractère particulier. La cause qui les a fait surgir provient des perturbations volcaniques souterraines. Les dépressions du sol doivent être attribuées aux mêmes agents. Si la terre s'élève ici, elle s'affaisse plus loin; la nature ayant horreur du vide, la compensation est immédiate.

Dieu ne pouvait laisser la création incomplète. La terre eût été inhabitable pour l'homme et les animaux, nuisible au développement des végétaux, si, parfaitement sphérique, elle n'eût présenté que des surfaces planes, brûlées par le soleil ou immergées dans des eaux stagnantes.

Il fallait des pentes pour renvoyer vers les océans « ces vapeurs qui s'élèvent sans cesse dans « les airs, où elles se réunissent sous forme de « nuages, pour retomber bientôt en brouillard, « en pluie, en neige ou en glace, soit sur les « plaines, soit en plus grande abondance sur les « montagnes; elles imbibent, pénètrent, sil- « lonnent le sol; elles descendent des lieux éle- « vés, sous forme de sources, de torrents, dont « la réunion produit les rivières, puis des fleuves, « qui reportent à la mer les eaux que l'évapora- « tion lui avait enlevées et qu'elle lui enlève sans « cesse. » (C. Prévot).

« On dirait que la main bienveillante du « Créateur a répandu les montagnes sur la terre, « pour augmenter les charmes de ce séjour par « la variété des aspects, pour arrêter et absorber « les vapeurs qui flottent dans l'atmosphère, et « pour servir de réservoir aux sources nom- « breuses qui s'échappent de leur sein, vont « porter partout l'abondance et la vie. »

(E. Cortanbert).

M. de Humboldt dit avec raison « que la dis-

« tribution, la civilisation et la destinée des peu-
« ples semblent liées à la constitution des chaînes
« de montagnes. »

La position occupée par les chaînes de montagnes révèle l'harmonie de la terre. La doctrine de leur exhaussement, qui, dans ces dernières années, avait réuni quelques adeptes, doit être considérée au plus comme une opinion se rattachant à cette croyance, d'après laquelle il fallait que la matière aidât seule à un complément de création ébauchée.

L'exhaussement des montagnes n'a jamais eu lieu; car les chaînes dont elles enserrent le globe sont inséparables de l'harmonie de la création.

L'enseignement de cette doctrine était basé sur la déclivité affectée par les couches du sol posé sur le versant des montagnes. Cette inclinaison parallèle des couches du sol démontrerait au contraire que les montagnes n'ont pas été exhaussées; car un exhaussement survenu après la création eût dérangé ce parallélisme des couches, ainsi qu'on le remarque dans les terres tourmentées par les accidents volcaniques.

On rencontre des sols abrupts, dont la cime, violemment séparée, s'élève à des hauteurs plus ou moins grandes, tandis que les contre-parties de ces mêmes sols jonchent de leurs débris le fond des vallées. Ces cassures, ces disjonctions du terrain sont l'effet des travaux souterrains des volcans. Il en est de même de ces accidents du sol appelés *failles*, assez nombreux dans les exploitations de houille et dans celles de minerais métallifères : ils sont dus aux mêmes causes.

FOSSILES.

On ne peut s'empêcher de reconnaître qu'il en coûte beaucoup à notre faiblesse de se détacher de ces connaissances sans but possible, ayant pour objet les fossiles.

De nombreux livres ont été écrits sur les mammouths, les mastodontes, les sauriens fossiles, etc., sur les formations successives des couches de l'écorce terrestre, et sur celles de la houille.

On a trouvé à la cime des monts des roches contenant des coquillages, des cornes d'ammon; les gypses, les marnes, les glaises renferment presque partout des spécimens d'êtres organisés: les arbres fossiles sont couchés au revers des montagnes ou dans les formations houillères, qui présentent souvent des empreintes très-pures de végétaux grandioses.

Les fossiles n'ont jamais existé à l'état de vie ou de végétation sur notre globe. Que les fossiles s'appellent mammouths, mastodontes, etc., coquilles bivalves ou univalves, etc., cornes d'ammon, oolythes, végétaux gigantesques antédiluviens, etc.: tous ces êtres fossiles organisés font partie de la roche, s'ils y sont adhérents, ou bien ils ont été créés en même temps que les gypses et les argiles dans lesquels ils reposent. Il en est de même des fossiles calcaires, de ceux contenus dans les marbres et reconnus aujourd'hui dans les granits; car nulle révolution du globe, si puissante qu'on la suppose, n'a pu les inclure dans la place qu'ils occupent et dans les conditions d'agrégation qui les distinguent.

Aucune alluvion, aucune révolution aqueuse n'a pu pétrir, durcir les marbres dans leur pureté incolore ou dans les brillantes couleurs qui les émaillent.

On enseigne généralement que le calcaire fossile a été formé par la mer; cependant le calcaire et toutes les formations appelées marines qui existent sur les continents se retrouvent aussi dans la mer. Les montagnes calcaires et les grès pourvus de fossiles sous-marins s'en élèvent ou s'y plongent, et l'on peut assurer avec conviction que l'immense étendue océanique, avec ses plaines argileuses ou arénacées et ses montagnes, présente absolument la même structure géologique que les continents; que par conséquent les fossiles sont contemporains de la création des mers, et n'ont jamais vécu sur la terre ni dans la mer.

Mais, dira-t-on, une forme organique ayant tous les caractères d'un développement gradué et d'une vie antérieure, qui a coopéré à ce même développement, a forcément vécu? Ceci n'est pas démontré; car s'il entrait dans les desseins de Dieu de nous présenter ces diverses formes, soit pour l'utilité des êtres organisés, et en particulier de celle de l'homme, soit pour abaisser l'orgueil humain, trop disposé à vouloir tout expliquer; évidemment il le pouvait.

Il n'y a pas lieu de recourir à trop de logique pour établir qu'il était bien plus difficile à Dieu (si toutefois la difficulté lui est connue) de créer instantanément des milliards d'êtres vivants, adultes, clairvoyants, pourvus d'un instinct de conservation et de reproduction, que d'inclure quelques débris informes, même des êtres intacts et parfaits, dans les terres qui allaient devenir le domaine de l'homme, de l'homme dont la mémoire, la réflexion et l'aptitude pour la science ont prouvé surabondamment la toute-puissance de Dieu.

J'ai dit *aujourd'hui* les granits nous présentent des fossiles : c'est à dessein que j'ai dit *aujourd'hui;* car le granit a été trop longtemps en possession de son origne plutonienne. Depuis quelques années seulement, posé dans nos rues, poli par les passants, le granit nous a montré, au grand ébahissement des plutoniens, des coquillages, des madrépores, des ardoises, des marbres, et tous autres ingrédients qui lui enlèvent son caractère plutonien, pour le placer parmi les grès vulgaires ou agrégations neptuniennes d'après la science.

HOUILLE.

Mille contes ridicules ont été imaginés sur la formation de la houille et sur les empreintes de végétaux qu'on y remarque. Comme l'orgueil humain veut expliquer l'origine de toutes les parties de la création, et qu'il fallait de l'eau pour former humainement le grès qui accompagne la houille, on a imaginé de faire voyager des forêts sur des lacs, et aussi de grands végétaux, tels que des bambous, des fougères et des presles gigantesques.

Ces masses de bois voyageant pêle-mêle avec de grands végétaux poussés par les vents, se sont trouvées, on ne sait comment, transformées en houille, portant empreintes dans toute leur pureté les formes des grands végétaux que les bois entraînaient avec eux.

Eh bien, le croirait-on? tout est possible en géologie : des hommes éminents par la science, le bon sens et la saine raison, ont adopté cette supposition, contraire au bon sens, à la logique, à la saine raison : ce qui nous donne le droit de dire que la houille créée pour l'usage de l'homme n'est qu'une roche; qu'elle est adhérente à tout un système de stratification qui lui est propre; que jamais une forêt, quelque épaisse ou élevée qu'on la suppose, n'a pu fournir un demi-mètre de houille dense. Que serait-ce, s'il s'agissait, comme à la *Ricamarie* de Saint-Étienne, d'une formation de trente mètres d'épaisseur verticale?

Nous l'affirmons, la houille n'est qu'une roche présentant des caractères organiques.

D'ailleurs, où trouver la force impulsive qui étende sur un parcours de plusieurs lieues, par étages, jusqu'à trente et quarante couches de houille (Belgique), chacune de dimension presque uniforme et homogène, mettant entre chaque couche des schistes, des grès, des marbres, quelquefois des minerais de fer en rognons.

Évidemment la production de la houille par le bois et les combustibles végétaux n'est pas admissible.

DÉLUGE UNIVERSEL.

Nous devons parler de ce grand cataclysme dont toutes les nations de la terre ont gardé la mémoire. L'historien sacré, qui nous a transmis la peinture fidèle du déluge universel, doit nous paraître d'autant plus véridique, qu'à peine quelques générations le séparaient de Noé.

Les philosophes, les géologues de ces derniers temps, trop préoccupés de créer la terre sans Dieu, ont attribué à des transformations successives de la matière terrestre, et en particulier au déluge, des révolutions impossibles dans les diverses couches de la croûte du globe.

Ces écrivains ont oublié une chose grave : c'est que, lorsque survint le déluge, la terre était habitée, dans certaines parties cultivée, que par conséquent ses plaines, ses vallées, ses montagnes, couvertes de végétation, n'ont pas été dérangées dans leur structure géologique. On peut donc affirmer que le déluge n'est pour rien dans l'agrégation de ces mastodontes et des autres amas de fossiles cristallisés dans la roche à l'état de calcaire ou de silex, cachés dans le gypse, les argiles ou autres terres, fixés dans le conglomérat des hautes montagnes, ou même traînant sur le sol à l'état de cornes d'ammon ou d'arbres pétrifiés.

Nous le répétons de nouveau : tous les fossiles datent de la création. Dès ce moment ils ont fait partie de roches ou de terres composant l'écorce du globe; recouverts de végétations diverses, ils ont subi pendant le déluge l'immersion des terres ou des roches auxquelles ils étaient adhérents.

La part qu'on a voulu faire à l'action du déluge, pour voiler la perfection de la création primitive de la terre, doit être replacée dans la limite du vrai et du possible.

Lorsque Noé, après plusieurs mois de séjour dans l'arche, expédia la colombe, et que celle-ci revint, rapportant un rameau d'olivier, comme témoignage de l'assèchement des terres, il ne trouva pas en débarquant sur les versants du mont Ararat, en Arménie, le sol dégradé et bouleversé. « *Les eaux se retiraient,* » est-il dit dans la Genèse ; s'il en eût été autrement, et qu'un immense chaos produit par le déluge se fût présenté à ses yeux, il est évident que cette tradition, trop lamentable pour Noé et sa famille, eût été mentionnée par l'historien sacré.

Un bouleversement total, par suite d'une immersion aqueuse, ne pouvait avoir lieu. La terre, peu cultivée, était presque entièrement couverte de forêts et de hautes herbes. Les eaux du déluge, en les inondant et en se retirant, ne produisirent d'autre effet que celui remarqué dans nos prairies flottantes. Le déluge n'a donc produit que quelques alluvions sans portée, incapables d'opérer un changement dans la nature des roches, de transporter aux sommets des monts des blocs erratiques, de faire surgir ou de charrier et de cristalliser des chaînes entières de montagnes calcaires, d'inclure dans la terre, à de grandes profondeurs, des bancs calcaires immenses, des argiles, des sables, des cailloux siliceux, même des bancs de cendres (Aisne).

L'inondation du déluge produisit une alluvion que les fleuves et les cours d'eau ne tardèrent pas de régulariser dans ses effets.

Il nous a été possible de parcourir une distance de mille lieues d'occident en orient, à partir des côtes de l'océan français jusque dans l'intérieur de l'empire russe. Ce qui nous a frappé dans ce parcours, c'est la reconnaissance que nous croyons avoir faite des traces laissées par les eaux du déluge.

Quand on a dépassé les terres lavées et sablonneuses de la Prusse orientale et du duché de Posen, on entre sur celles de l'empire russe. Là, à partir du rivage de la Baltique, on rencontre à la surface du sol des blocs de granit enterrés à demi dans le sable, sans adhésion au sol qui les supporte. Si de Saint-Pétersbourg on descend vers le sud, les blocs de granit que l'on distingue çà et là, sur les champs labourés, diminuent en grosseur à mesure qu'on s'éloigne des bords de la Baltique.

La croyance populaire répandue au nord de la Laponie, que les montagnes de roches bordant la mer Blanche, semblables à des sacs de laine, et paraissant usées par les eaux, ont été jadis franchies par la mer, dont le frottement a rendu la surface polie, ne serait-elle pas une de ces légendes diluviennes répandues chez tous les peuples du globe? Serait-il déraisonnable d'admettre que les eaux du déluge ont franchi ces montagnes, creusé le golfe de Bothnie et la mer Baltique, soulevant une partie des roches de granit qui l'encombraient pour les répandre sur la terre russe, parsemant ainsi, à une distance plus ou moins éloignée, ces cailloux granitiques selon leur grosseur ou leur forme ?

Excepté certains géologues, qui se sont servis

de l'accident du déluge pour expliquer des théories inexplicables, tous ceux qui voudront réfléchir mûrement à l'action possible d'une immersion temporaire, conviendront qu'elle ne pouvait occasionner que des alluvions plus ou moins puissantes, ou même presque nulles sur les terrains revêtus d'herbes ou de forêts.

ÉLECTRICITÉ DE LA TERRE.

Les diverses fouilles souterraines ont fait reconnaître qu'à mesure de la descente dans les terres, le sol étant à 0 de glace, la température souterraine augmente d'un degré centigrade par trente mètres de descente; d'où il suit qu'une profondeur de 120,000 mètres atteindrait à 4,000 degrés de chaleur, sans tenir compte de la progression géométrique.

Chaleur excessive, plus que suffisante pour réduire à l'état liquide les corps les plus réfractaires.

Ces 120,000 mètres, formant une épaisseur de trente lieues de profondeur verticale, nous paraissent être l'extrême limite qu'on peut donner à la dimension de l'écorce du globe.

C'est donc à peu près la centième partie de l'axe de la terre à l'équateur.

L'axe étant de.	12,753,840 mètres
En prélevant de ce nombre.	240,000 mètres
pour l'enveloppe qui contourne le globe, il nous resterait un noyau (adoptons cette dénomination) du diamètre de.	12,513,840 mètres

Cette épaisseur de trente lieues paraît peu rassurante à de hautes intelligences. On veut bien reconnaître la chaleur progressive de la terre à partir de la surface, sans en admettre toutes les conséquences. Si la terre était dense, composée même à son centre d'une *pâte molle, incandescente*, ainsi qu'on l'assure, le mouvement terrestre n'existerait pas. La planète, dépourvue de tout ce qui fait la force et l'action dans l'espace des autres corps célestes, n'aurait jamais eu d'existence réelle.

Le mouvement de la terre autour de son axe à l'équateur est de 375 lieues à l'heure, *puisqu'elle présente au soleil en* 24 *heures sa circonférence, qui est de* 9,000 *lieues.* (C. Prevot.)

La vitesse moyenne de la terre dans le parcours de son orbite est de 412 lieues par minute : soit une translation de six lieues quatre-vingt-six centièmes par seconde.

Un mouvement si prompt, si énergique de la

masse du globe, contournant sur son axe d'occident en orient, en même temps que sa rapide translation dans son orbite autour du soleil, nécessitent autre chose qu'une masse inerte, une pâte molle, serait-elle incandescente.

La vie expansive est au centre de la terre : c'est le moteur de Dieu, c'est la foudre qui remplit ce grand creux de 12,513, 840 mètres de diamètre.

Ce fait normal admis, on conçoit alors le magnétisme de la terre, son électricité, son atmosphère ; les tempêtes et les orages ; l'absorption par la terre de l'électricité d'où qu'elle vienne ; enfin, son attraction.

Pour juger de la rapidité avec laquelle se meut le sphéroïde souterrain et en mesurer exactement la vitesse, rappelons que, dans notre enfance, nous avons maintenu en équilibre une aiguille à coudre sur un verre plein d'eau, qu'en dehors du verre nous avons promené circulairement un fer aimanté et que l'aiguille obéissait, à travers l'épaisseur du récipient, à tous les mouvements que nous imprimions au fer aimanté.

Retournons la question et disons : Le verre d'eau, c'est l'atmosphère ; l'aiguille à coudre devient le fil électrique isolé dans l'atmosphère ; le fer aimanté, le sphéroïde qui s'agite à trente lieues au-dessous de nos pieds ; et si, comme on l'a reconnu, l'électricité est capable de faire le tour du globe en une seconde, on doit admettre que le sphéroïde qui donne lieu à cette rapidité incompréhensible, fait lui-même en une seconde toute une révolution dans l'intérieur du globe.

Cette révolution est réelle ; elle est nécessaire. Sa réalité, constatée par le fil électrique, l'est encore par tous les êtres vivants dont les pulsations répondent à la fibre électrique de l'intérieur du globe.

Cette électricité est nécessaire ; car, si elle cessait un instant, tous les êtres vivants, privés d'oxygène, seraient anéantis à la fois. L'atmosphère terrestre, annulée, serait remplacée par une température de près de cent degrés de glace, et toutes les eaux du globe seraient réduites en un instant à l'état de roche ; car il est démontré que le soleil échauffe la terre par la seule projection de son rayonnement sur le fluide électrique dont elle est environnée. Enfin, si, contrairement aux lois établies, la terre était un jour privée de son électricité, arrêtée dans ses mouvements, sa forme et son équilibre seraient détruits ; la matière dont elle est composée volerait en éclats dans l'espace et subirait l'attraction inévitable des autres corps célestes, dont la lumière, la chaleur et le mouvement n'ont d'autres causes que l'électricité intérieure qui leur a été départie par le Créateur.

Appelez le noyau terrestre oxygène électrisé ou de tout autre nom, expliquant l'action la plus énergique de la chaleur la plus extrême et du mouvement le plus rapide, et vous aurez une idée juste de tout ce qu'il faut de force, de chaleur et d'expansion centrifuge pour maintenir l'écorce terrestre dans son état sphérique, renflée à l'équateur, déprimée aux pôles, et pour lui imprimer ce mouvement régulier qui la fait contourner sur elle-même en 24 heures en même temps qu'elle parcourt des espaces immenses sur son orbite autour du soleil.

On objectera peut-être que si le globe est creux dans son intérieur, il ne peut avoir le poids que lui ont assigné Laplace, Bouguer, Marskeline, Cavendish, qui estiment la pesanteur du globe à quatre ou cinq fois celle de l'eau. En rendant justice à l'exactitude de ces savants hommes, on peut dire que, s'ils ont fixé le poids du globe sur des données que nous ne chercherons pas à contester, c'est qu'ils ont compris dans cette densité la pesanteur résultant de l'action de l'oxygène électrisé qui remplit l'intérieur du globe, dont la force n'a jamais été calculée que par ses effets.

Il est hors de doute que le sphéroïde exerce une pression qui indique nécessairement un poids: à l'œuvre, nous voyons la foudre frapper, percer des murs, abattre des clochers, casser de grands arbres; toutes choses caractérisant le choc, par conséquent le poids.

VOLCANS.

TREMBLEMENTS DE TERRE.

Examinons ce qui doit se passer dans cette immense sphère intérieure. Nous avons reconnu et vérifié le mouvement incessant de l'oxygène électrisé. Son action détermine celle de la terre ; sa force centrifuge et expansive en conserve la forme extérieure, malgré la rapidité de sa rotation diurne et celle de sa translation sur le parcours de son orbite autour du soleil.

Toutes les parcelles qui se détachent de l'écorce intérieure de la terre sont immédiatement fondues et tenues en suspens parallèlement aux parois de cette écorce. Cette masse fluide, incessamment repoussée par la force centrifuge du sphéroïde intérieur, constamment agitée et liquéfiée, tend à s'échapper par les diverses ouvertures qui surviennent à l'immense voûte et par les soupiraux de l'écorce terrestre qu'on appelle *volcans*.

Le nombre des volcans était dans ces dernières années de 163. Il est présumable que ce même nombre existait dès la création. Si, à notre connaissance, quelques volcans ont surgi depuis l'époque historique, d'autres ont cessé toute éruption, et l'on peut dire que le service des soupiraux nécessaires à l'action du sphéroïde a toujours été régulier depuis le commencement du monde. Ce qui nous semble une perturbation quand nous voyons s'élever une île nouvelle ou flamber un volcan récent, n'est autre chose qu'une manifestation d'un équilibre compensé révélant l'ordre admirable des œuvres de Dieu.

Cette lave fluide, couverte de cendres dans la partie la plus voisine de l'écorce terrestre, établit la transition entre le sphéroïde et la voûte qui l'enveloppe, dont la décomposition est préservée par l'humidité qu'elle renferme.

Il a été démontré par de récentes expériences qu'une trop grande chaleur n'échauffe plus l'eau et ne la vaporise plus. Soumises à une chaleur excessive, les molécules aqueuses affectent une forme sphérique excluant toute décomposition.

C'est ainsi qu'on est parvenu à faire congeler de l'eau dans un creuset chauffé à blanc. Nous ne serions donc pas étonné que certaines profondeurs inconnues de l'Océan reposassent directement sur les régions échauffées par le sphéroïde sans en recevoir de chaleur ni éprouver de dilatation. Appuyé sur les globules arrondis de ses eaux, l'Océan devient, dans ce cas, paroi directe de l'espace occupé par le sphéroïde.

Les débris détachés de la terre, incessamment repoussés à l'état de lave fluide, contribuent à la solidité du globe, en entretiennent l'élasticité.

On sait que la terre est éminemment élastique.

Il suffit d'une voiture légère passant au galop sur une route pavée pour déterminer la trépidation du sol. Une lourde voiture provoque une oscillation sensible; les meubles, les objets placés sur les tables indiquent, par leur frétillement, les ondulations de la terre.

Les trains des chemins de fer passant près des maisons font mieux percevoir ce mouvement oscillatoire, dont les planchers et les murailles mêmes éprouvent les effets.

Tout cela nous induit à conclure qu'une seule roche détachée de la voûte terrestre produit un ébranlement général dans tout le système rocheux qui lui est adhérent. De là une trépidation du sol d'une ou plusieurs secondes. Admettons maintenant des excavations se formant et donnant entrée à des grottes spacieuses; la lave y pénétrant avec force détermine l'explosion des vapeurs aqueuses d'où résultent ces bruits souterrains, ces ébranlements du sol, les tremblements de terre.

La lave, arrivant plus près de la surface du sol sans être refroidie, produit ces crevasses, ces émissions de gaz enflammé et, par suite, ces tremblements de terre désastreux qui abîment les monuments, les maisons, les récoltes. Approche-t-elle davantage et peut-elle se créer une issue, c'est, à la suite du tremblement de terre, un volcan de plus.

Le travail souterrain des volcans exige quelquefois des siècles. Les tremblements de terre, les exhaussements du sol en précèdent les apparitions. Tout à coup surgit un cône, revêtu extérieurement des roches qu'il a soulevées; la chaleur de la lave, amoindrie par son trajet souterrain, a dilaté les eaux sur sa route : leur explosion sous forme de vapeur incandescente projette au loin les terres, les roches, les cendres qui précèdent la lave, et celle-ci fait alors son apparition.

Des cendres, des pierres ponces sont lancées dans les airs éclairées de gaz enflammés, qui s'élèvent à une grande hauteur; au même instant, le long des parois externes du cône ou par les bouches formées à sa base, la lave s'écoule, se frayant un chemin dans les terres.

Les volcans s'allument ou s'éteignent : ils s'allument par les gorges souterraines que nous venons de décrire et en faisant éruption à la surface du sol.

Ils s'éteignent par le refroidissement souterrain de la lave qui les alimente : des écroulemens survenus l'ont arrêtée dans son parcours en bouchant toute issue aux matières ignées ; les éruptions ont cessé, le volcan est éteint pour un temps, peut-être à tout jamais.

On peut admettre que, si la partie étranglée ou bouchée du parcours de la lave se trouve éloignée des amas intérieurs, l'action de va et vient d'une lave ardente, déterminée par la pression du sphéroïde, rend fluide cette lave refroidie, qui fermait la voie primitive et, après de nouvelles commotions, le volcan reprend des éruptions éteintes depuis peu, quelquefois depuis un siècle. Si, au contraire, la lave est refroidie jusqu'au point de départ, le volcan complétement fermé s'éteint à tout jamais; tels sont les volcans d'Auvergne, etc.

Certains volcans sont en ignition permanente, d'autres en ignition intermittente. Les premiers ont sans doute un rapport direct et presque vertical avec les amas de cendres et de laves. Les autres possèdent des voies obliques et rencontrent des obstacles qui ne peuvent être franchis qu'à intervalles réguliers.

En résumé, les volcans prennent leur source ou point de départ dans les amas de lave repoussés vers la voûte terrestre par le sphéroïde intérieur.

Les tremblements de terre sont occasionnés par le parcours des laves, les écroulements de roches et les détonations de vapeurs humides ou gazeuses provoquées souterrainement par la chaleur incandescente des matières à l'état de fusion.

Dans les parties du sol offrant peu de cohésion et qui sont aisément disloquées, la lave conservant toute sa chaleur s'élève avec plus de facilité, repoussant au-dessus d'elle les roches et les terres qui finissent par présenter à la surface du globe un exhaussement, le surgissement d'une île du fond des mers.

Une dislocation rapide de la voûte, dont les parcelles sont immédiatement absorbées et fondues dans la masse de lave, provoque au contraire une dépression du sol, d'où résultent des lacs ou des terres submergées par la mer (Lisbonne).

Les contrées dont la contexture géologique est entièrement composée d'assises de roches, sont ordinairement volcaniques et exposées aux tremblements de terre. Aussi, sont-ils plus fréquents dans les pays montagneux, dont les arêtes pénètrent jusqu'à la base de l'écorce terrestre, que dans les plaines, où les couches d'argile, de calcaire, de glaise élastiques, de leur nature, sont un obstacle à leur manifestation.

Certains volcans rejettent de l'eau, de la vase, de la boue; le travail calorifique du globe n'est pas étranger à ces apparitions insolites. Lorsque, dans le parcours du calorique volcanique, il se rencontre des issues donnant des eaux en telle quantité qu'elles ne sont plus susceptibles d'être vaporisées à la fois, la portion vaporisée chasse devant elle les eaux, la vase, la boue qui affluent dans le conduit souterrain par les parois latérales : de là résultent ces écoulements, qui, bien qu'étrangers aux produits naturels des volcans, doivent être considérés comme volcaniques.

OZONE, SOUFRE.

OZONE.

La science a donné ce nom à une espèce de gaz particulier qui se dégage au moment où les éclats de la foudre atteignent le sol. On a remarqué en lui une forte odeur sulfureuse.

Pour nous, l'ozone n'est autre chose que le produit constant de l'oxygène électrisé : soit que ce produit se dégage au moment où éclate la foudre sur la terre ; soit qu'il se dégage plus abondant et d'une manière constante sous l'écorce terrestre par l'effet du mouvement rapide du sphéroïde oxygéné, qui n'est autre chose à nos yeux que la foudre elle-même.

SOUFRE.

L'action incessante du sphéroïde produit d'énormes quantités d'ozone. Ce gaz, se combinant avec la partie humide de l'écorce terrestre, se transforme en vapeur épaisse, blanchâtre, qui, condensée par le refroidissement, devient un corps minéral qu'on appelle soufre.

Aussi, dans les environs des volcans, partout où la surface terrestre se trouve communiquer directement avec le travail intérieur du globe, le soufre se montre-t-il en grande abondance, notamment dans les lieux où la présence des eaux a solidifié instantanément l'ozone expiré par les courants volcaniques. Cette remarque se vérifie dans certaines îles volcaniques de la Méditerranée, présentant des masses de soufre, soit en nature, soit terreux ou mélangé de terre.

On trouve encore le soufre allié aux minerais sous forme de pyrites : telles sont les pyrites de fer, celles de cuivre, etc. Il forme des cristaux avec les minerais d'antimoine, de plomb, de zinc, etc. Il est lié avec la chaux dans le gypse; il existe aussi dans la tourbe, dans la houille, etc.

Toutes ces diverses combinaisons du soufre avec les matières minérales et même avec celles organiques démontrent combien est puissante l'action de l'ozone sur toute la création terrestre.

EAUX THERMALES

Les opinions émises sur la calorification des eaux thermales sont de deux sortes.

Les unes attribuent la chaleur de ces eaux au voisinage des volcans, et celles-ci sont rationnelles, car l'eau participe de la chaleur d'un terrain échauffé, proportionnellement au calorique qui lui est propre.

Les autres attribuent la chaleur des eaux thermales à une action électro-motrice, telle que pourrait la produire une combinaison terreuse réunissant dans sa composition les facultés mentionnées.

Entre ces deux opinions, nous admettons la première en ce qui concerne les terrains volcaniques; nous rejetons les deux, s'il s'agit d'eaux thermales découlant de terrains éloignés des volcans.

Nous reconnaissons même que des tremblements de terre ont pu supprimer la chaleur de certaines eaux thermales ; comme aussi leur action a donné lieu quelquefois à une émission spontanée d'eaux thermales, dans certaines contrées où elles étaient inconnues.

L'ozone, ce gaz incandescent que nous avons caractérisé dans le chapitre précédent, est l'agent unique de la thermalité des eaux. Ainsi que nous l'avons démontré, les grandes assises de roches des pays montagneux plongent généralement jusqu'aux dernières limites de l'écorce du globe. Il n'est pas rare dans ce cas que les parties poreuses de ces stratifications admettent les insufflations de l'ozone brûlant.

A l'appui de cette hypothèse, on pourrait citer les mines de soufre de Catalogne, produites évidemment dans le quartz poreux par une longue insufflation de l'ozone à travers ses porosités ; car ces mines sont tout à fait éloignées de courants volcaniques.

Il n'est pas rare de voir deux sources, l'une très-froide, l'autre très-chaude, sourdre presque sur le même plan dans les versants des Pyrénées. Ainsi pendant que l'une marque 85° (Réaumur) (eaux d'Ax, Ariége), l'autre donne un breuvage rafraîchissant. Cela tient à ce que l'eau thermale découle d'une fissure qui reçoit à travers les terres les insufflations brûlantes de l'ozone central; car, cette eau étant projetée sur une roche, les traces de soufre revêtent constamment la dalle qui les reçoit.

Ce n'est donc pas le soufre qui réchauffe cette eau; car, à l'état de minéral non enflammé, il n'a aucun pouvoir calorifique; mais bien l'ozone, qui, en se décomposant dans l'eau, après lui avoir communiqué son calorique, abandonne ces parcelles de soufre dont il est générateur.

Quant aux eaux thermales non sulfureuses, l'action de l'ozone ne leur est pas étrangère. En contact immédiat avec un système de roches qui lui est superposé, l'ozone les échauffe, et les eaux qui s'écoulent sur ces roches reçoivent la transmission du calorique sans pour cela devenir sulfureuses.

Toutes les terres rocheuses étant sujettes aux tremblements de terre, la suppression des interstices libres par lesquels l'ozone communique sa chaleur aux eaux thermales, ayant lieu par le fait d'un tremblement de terre, celles-ci perdent leur thermalité. Au contraire, si l'ébranlement du sol favorise l'insufflation de l'ozone dans les terrains qui en étaient dépourvus, telle source qui était froide devient thermale, pure ou sulfureuse, selon qu'elle réunit les conditions énoncées précédemment.

Plein de respect et de reconnaissance pour les maîtres vénérés qui nous ont précédés dans la carrière, nous voyons à regret que les questions tout à fait nouvelles traitées dans ce mémoire trouveront des contradicteurs passionnés peut-être; quoiqu'il en soit, notre conviction déjà très-ancienne est si fermement établie que nous osons dire avec l'un de nos illustres devanciers :

E pure ei muove.

CASIMIR GARY,
45, rue de Courcelles, aux Ternes.

26 juillet 1859.

Mentionné en séance publique de l'Académie des Sciences, le lundi 1er août 1859.

Paris. — Imprimerie Walder, rue Bonaparte, 44.

PARIS. — TYPOGRAPHIE WALDER, RUE BONAPARTE, 44.

www.ingramcontent.com/pod-product-compliance
Ingram Content Group UK Ltd.
Pitfield, Milton Keynes, MK11 3LW, UK
UKHW021947260726
13994UKWH00004B/1580